不生气的100种方法

[美] 亚当斯研究所 著 刘 萌 译

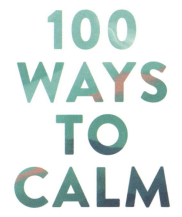

北方文艺出版社

哈尔滨

黑版贸登字　08-2024-018号

图书在版编目（CIP）数据

不生气的100种方法 / 美国亚当斯研究所著；刘萌译. -- 哈尔滨：北方文艺出版社, 2025.1. -- ISBN 978-7-5317-6429-8

Ⅰ. B842.6-49

中国国家版本馆CIP数据核字第20244X4F59号

不生气的100种方法

BUSHENGQI DE 100 ZHONG FANGFA

作　者 / [美] 亚当斯研究所

译　者 / 刘　萌

责任编辑 / 赵　芳　　　　　　　　　封面设计 / 普莉西拉·袁

出版发行 / 北方文艺出版社　　　　　邮　编 / 150008

发行电话 / （0451）86825533　　　经　销 / 新华书店

地　址 / 哈尔滨市南岗区宣庆小区1号楼　网　址 / www.bfwy.com

印　刷 / 河北鑫汇壹印刷有限公司　　开　本 / 880mm×1230mm　1/32

字　数 / 80千　　　　　　　　　　　印　张 / 5.25

版　次 / 2025年1月第1版　　　　　印　次 / 2025年1月第1次

书　号 / ISBN 978-7-5317-6429-8　　定　价 / 58.00元

CONTENTS

1 | 前言

1 | 1.行走练习
2 | 2.卸下肩上的压力
4 | 3.呼吸休息法
5 | 4.给自己打气
6 | 5.用呼吸释放焦虑
7 | 6.做日常锻炼计划
9 | 7.善用手印
11 | 8.俳句写作
12 | 9.陪陪宠物
13 | 10.让问题飘走
15 | 11.用精油减压
16 | 12.观赏最爱的电影
18 | 13.放下让你无法冷静的事情
19 | 14.缩小关注点
21 | 15.做热石按摩

22 | 16.山中冥想

23 | 17.与自己保持联系

25 | 18.感激自己

27 | 19."拧干"压力

29 | 20.给自己做一次芳香按摩

30 | 21.积聚能量

31 | 22.驻足聆听

33 | 23.停止思考

34 | 24.树式平衡

36 | 25.收集贝壳

37 | 26.以自我为中心

39 | 27.家里摆放鲜花

40 | 28.烹饪疗法

42 | 29.观察云朵

43 | 30.享受艺术之美

45 | 31.按下暂停键

47 | 32.喝一杯茶

48 | 33.休息一会儿

49 | 34.做一些园艺工作

50 | 35.试试三段式呼吸法

52 | 36.说一句让自己平静的话

53 | 37.打电话给朋友

55　38.听听音乐

57　39.上班稍迟些

58　40.想象一片草地

61　41.进行全身感知

63　42.缓解紧张情绪

64　43.前屈练习

65　44.想象自己被保护

67　45.好好洗个澡

68　46.使自己扎根

71　47.感受你的呼吸

72　48.点上一些熏香

74　49.享受大自然

76　50.制作拼贴画

77　51.遮住你的眼睛

79　52.快刀斩乱麻

80　53.寻找身边的光

81　54.活在当下

83　55.物体冥想

84　56.与月同憩

85　57.简单的呼吸课

86　58.审视全身的能量

88　59.大笑一场

90   60.水上冥想

91   61.大声喊出来

93   62.对自己说"我足够好"

94   63.下犬式瑜伽

96   64.想象一片湖

98   65.刺激穴位

101   66.像狮子一样呼吸

102   67.享受网球按摩

103   68.动手洗碗

105   69.摆脱压力

106   70.放下你的手机

107   71.甩掉它

109   72. 默念冥想法

110   73.享受安静的时光

111   74.用橡皮泥做雕塑

113   75.周围声音的冥想

115   76.散散步

116   77.用颂歌获得平和

119   78.关注你的呼吸

120   79.一切都在掌控中

121   80.创造治愈仪式

123   81.平静地沐浴

125 | 82.眼镜蛇式瑜伽

127 | 83.建立自己的庇护所

128 | 84.远离闹剧

130 | 85.走出困境

131 | 86.抬头面朝太阳

132 | 87.涂色

133 | 88.补鞋匠式瑜伽

134 | 89.慈心冥想

137 | 90.从大地中汲取平和

139 | 91.做红灯冥想

140 | 92.参加瑜伽课

141 | 93.进行简单的冥想

142 | 94.挺尸式瑜伽

145 | 95.寻找自己的呼吸空间

146 | 96.打个盹儿

147 | 97.跺跺脚

149 | 98.制作手工编织品

150 | 99.设定目标

152 | 100.好好呼吸

你需要感受生活，
而不是在生活中苦苦挣扎。
有时候需要放松心态，
顺其自然，
然后继续前行。

——雷·布雷德伯里

（美国作家）

Introduction

前　言

你是否感觉自己极其渴望宁静?
是否希望给忙碌的生活按下暂停键?
是否迫切想要挣脱这种窒息感?

当今世界繁忙杂乱,
而欲从此繁杂中寻得一丝平静又谈何容易。
幸运的是,本书能为你提供片刻的安宁,
带来内心的平和,调节生活的平衡。

本书所描述的100个小技巧，有助于你缓解压力，消除烦恼，平和心态。书中收录了舒缓身心的瑜伽，易于实践的冥想，以及一些简单的技巧，帮助你正确看待和调整自己的生活方式，比如：

喝一杯茶

听听音乐

简单的呼吸课

好好洗个澡

全书收录的各类练习，以及穿插其中的激励人心、给人以启示的名人名言，让你无论面对什么样的生活境遇，都能够集中精神，并获得一份平和、宁静，以及幸福。

在过于嘈杂繁忙的世界中，这本书正是你获取平静的明智之选。因此请深吸一口气，准备拥抱这份平静吧。

1. 行走练习

　　让自己慢下来，只专注于行走本身。即使生活让你不堪重负，也要学会在行走中舒缓身心，专注冥想。

① 找一条畅通的小道，可以是楼道走廊，也可以是家中一处可以来回走动的地方。

② 调整姿势，从头到脚全身挺直站好。

③ 去感受双脚踩地的感觉。脑中想象自己的双脚即将第一次触地，就好似来到一颗陌生的星球，还不知道脚下这处"新大陆"的地面踩上去是什么感觉。双脚接触的每一寸地面都要用心感受。要对脚下即将触碰到的所有东西拥有强烈的好奇心。

④ 从脊椎到头顶进行全身伸展。双肩上下耸动。下巴要微微内收。

⑤ 小步前行，轻轻走，慢慢走。走路时面带微笑。

Slide the Stress OFF YOUR Shoulders

2. 卸下肩上的压力

以下呼吸练习有助于你释放压力，并为进一步的放松及平静扫清障碍，提供空间。

1. 保持舒适的姿势坐在地上。

2. 闭上双眼，想想肩上这难以承担的重负从何而来，由谁而来。

3. 自己所扛下的可能是全家人的重担。没关系，把这些重担在想象中都列出来。除此之外，还有什么？还有谁？

4. 吸气，并慢慢吐气。身体向右倾斜，同时伸直右臂，直到指尖触碰到地面。

5. 现在想象所有给自己造成重负的人慢慢从肩头滑落；还可以想象自己听到他们在大声叫喊。持续进行下去，不用担心他们会不会摔伤，要坚信这些东西并不需要压在自己肩上（而且自己也并不需要他们施压）！

6. 再吸气，并慢慢吐气。左臂重复上述动作，让左侧的所有负担也统统滑落。可以稍微晃动手臂，因为有些人会有意无意地把臂上肌肉绷得太紧，即使心里很清楚应该放下重负，也难免会有一些下意识的条件反射。

7. 现在双肩空出来了，这个位置只能留给平静与安宁。

3. 呼吸休息法

试试这种呼吸方法，做10次：

1　正常吸气，正常呼气。

2　呼气后停下，等憋不住的时候再进行下一轮呼吸。（憋气时间并非越长越好，要根据自身情况调整。）

　　这个方法的妙处在于，为你留出休息的空间——先思而后行。这个时候所需要做的一切选择和决定都是为了不断减少压力，而非增加压力。此外，这种呼吸法别人也注意不到，可以随时随地去练习——坐在办公桌前可以练，就医时可以练，甚至跟他人聊天时话题进行不下去的时候也可以练。

4. 给自己打气

正能量的自我对话，对于压力环境（比如公开演讲）下平复心境具有强大的积极作用。

在公众场合讲话会怯场的人，可以在心中重复默念："我很冷静，我能做到。"诸如"我能……"这样的话语对自己的感染力极强。每次做事付诸行动之前都可以在脑子里想想这些话。这样一来，你可以通过直面紧张情绪进而激活内心的沉静感。当看到自己进步时，你要相信自己，只要多做练习，这样的恐惧最终且一定会荡然无存。可以对着镜子练习这句话，感受这些文字给自己带来的力量。过程中别忘了要正常呼吸！

5. 用呼吸释放焦虑

如果做深呼吸有困难，可以试试放松你的身体。

这个练习不挑地方。首先放松脸部、嘴角、肩部以及上背部的肌肉。然后坐直，放松肩胛骨。注意观察肩头是否有下坠感。如果有，试试以下放松肩膀的练习：将肩胛骨想象成两片翅膀贴在自己的后背上。你可以通过相互挤压它们（绕肩做弧线运动）来激活双翅。就这样挤压、放松，持续几次。这个方法可以柔化肩部，同时也能放松下巴。

这样的动作有助于摆脱令人烦心的思绪，将注意力集中于肢体。过程中别忘了关注呼吸。尝试留意感受腰部两侧或是下背部。抛弃那种一切事情都要做得尽善尽美的想法。

6. 做日常锻炼计划

锻炼应该算是世界上最好的压力管理工具了。然而实际生活中，一旦时间被各项日程占满，锻炼又往往是第一个被放弃的。

有计划的日常锻炼（将锻炼作为优先事项）有助于保持规律的生活节奏，并能通过体育活动来缓解额外的紧张和压力。科学证明，锻炼能够提升体内的内啡肽含量（大脑中一种与情绪相关的化学物质），进而有效改善情绪。一般来说，一个人对于自己喜欢的运动项目，将其坚持下去的可能性极高。所以根据个人喜好，完全可以把椭圆机丢一边，去选择太极拳课或普拉提课。

7. 善用手印

　　大多数人应该见过这种双腿交叉、双手摆出某种姿势的冥想形态，这一姿势即为手印。

　　手印通常用作练习或冥想的补充。手印可以给冥想练习增添活力，也能够给自己创造片刻的平静。可以先从简单的手印入门，类似于"OK"的手势：把食指与大拇指相连形成一个圈。这是一个被经常采用的手印，可以使身心宁静。

Write a Haiku

8. 俳句写作

俳句即三行诗，许多人将其用于辅助冥想。艺术创造是一种很好的自我探寻之道。

1. 写俳句时，要善于去捕捉世间那些转瞬即逝的美好形象，同生命中那些短暂而美丽的画面进行共情。

2. 若是首次接触俳句，可以尝试如下的结构：第一行5个字，第二行7个字，最后一行5个字。下笔之前建议先拜读他人的俳句作品，有助于感觉和理解字里行间的节奏和语调。

3. 将所写的俳句与亲友分享。可以打印出来贴在办公桌的隔板上或家里的冰箱上。还可以作为冥想练习使用。

9. 陪陪宠物

研究表明，养宠物有助于减轻压力，对身心健康大有裨益。

花几分钟撸一撸小狗小猫，就能够舒缓情绪，降低血压，呼吸也会更加放松。带宠物外出遛弯，顺便也能让自己得到锻炼的机会。一个毛茸茸的小可爱还能让你在狗狗公园认识新朋友。从今天开始，腾出一点时间陪陪自己的宠物。如果你没有宠物，向一个朋友借只小狗出门遛一遛，或借只小猫回家撸一撸。如果有条件，也可以从当地的动物收容所领养一只。

10. 让问题飘走

先想象一种自己觉得压力很大的场景。

现在要把这个场景中所出现的一切——你的老板、你的电脑、手上那份花了几个星期写完的报告——都装在一个大气球里，气球的绳子攥在自己手里。

接着，想象自己松手放开绳子，看着气球慢慢飘向远方的天空，最后消失在视线之外。如果觉得难以放手，那就想象另一只手拿起了剪刀，直接一刀把绳子剪断。

如果以后又被同样的问题困扰，一定要提醒自己，之前已放手让其飘走了，它已经不在了。

STEAM AWAY
STRESS
WITH
ESSENTIAL
OILS

11. 用精油减压

　　在特定月份或在空气干燥的气候下，身体能够快速吸收精油中的养分。精油蒸汽本身具有治疗作用，可以通过鼻腔快速进入全身的循环系统。要想对各种精油有所了解，采用蒸汽之法更为简单有效。

1. 准备好毛巾、精油。
2. 准备一个直径约25至30厘米的大碗。
3. 把水煮开，水量约为碗容量的 $\frac{1}{2}$ 至 $\frac{2}{3}$。
4. 将开水倒入碗中，并滴入一滴精油。
5. 俯身将头部贴近蒸汽，毛巾展开盖在头上，盖住头部和碗。（小心，不要被开水烫伤。）
6. 用鼻子深深吸气，再用嘴缓缓呼气。重复几遍。
7. 如果感觉一滴精油的气味太淡，或者过程中气味减弱，则可再加入一滴精油。一般来说无须超过两滴精油。

12. 观赏最爱的电影

不上班的时候，可以观赏一部自己喜欢的影片。找个最舒服的姿势，把思绪代入电影的情节，用心体验。

选择的影片最好是你所熟知的，这样不至于因好奇心作祟而忍不住要把故事情节看完。可以挑选特别的一段来看。而电影的选择，可以是能够扫清消极情绪的正能量故事，也可以是一段大自然的视频——只要能让自己精神焕发、心满意足即可。如果你在工作，可以稍做歇息，从网上找一些自己喜欢的内容，观赏几分钟。

人法地，

地法天，

天法道，

道法自然。

——老子

（中国古代思想家、哲学家，道家学派创始人）

13. 放下让你无法冷静的事情

　　这种冥想有助于排除烦恼和忧虑，腾出空间回归平静。有些时候即使这样的冥想也可能见效甚微——烦恼缠身无法自拔。这也没关系，存在即合理，接受即可。

1. 在地板、垫子或毯子上坐直。

2. 用鼻子深呼吸，如果不舒服的话也可以用嘴。

3. 双腿向前伸直，脚背往额头方向弯曲；感受腿筋的伸展。

4. 身体前倾，膝盖不要弯曲。当感觉拉伸时不舒服但又不太疼痛时停止前倾，保持几分钟。

5. 闭上眼睛。关注此时身体、情感或精神上产生的一切感受。如若发现有思绪或情绪浮现，可以试着用呼吸将注意力引开。

14. 缩小关注点

把注意力缩小并集中在一件事情上，有助于排除干扰因素，并解决这个问题。此外，若是脑中的想法过于混乱，无法抽离，这个方法能够把你的精力迅速收回。

1. 选择一件事情进行集中注意力练习。可以是你的呼吸，窗帘的配色，蜡烛的气味，脑海中的一个画面，或是雨水敲打窗户的声音。

2. 当你发现自己走神时，要主动拉回到所关注的事物上。不要让无谓的思考阻碍你。

3. 注意力需要内在的坚定，而非外在的强迫。多加练习即可熟能生巧。

4. 练习过程中要保持有规律的深呼吸。如果你关注的是呼吸本身，那就可以尝试计时—— 一拍吸气，两拍呼气——保持这个节奏。当练习结束的时候（计时器响了或是已完成放松，准备继续日常工作），你可以慢慢地扩展你的注意力，把更多的感官带进来。

Get a HOT STONE MASSAGE

对于从未体验过热石按摩的人，这将会是一次独一无二的体验。在按摩过程中，石头有两种不同的用法。

15. 做热石按摩

一种方法是给身体各部位提供热量，放松肌肉，增强血液循环，加速伤势愈合。一般会用石头顺着脊柱方向或沿着身体的经络放置。石头下面垫上毛巾，避免烫伤。

另一种方法是把石头用作深层组织按摩的工具。按摩师会在温暖光滑的石头上抹一层油，然后在按摩部位长时间揉擦。这种揉擦会让你体验到一种难以置信的舒适感，有助于消除体内的压力。

16. 山中冥想

山中漫步的感觉是非常独特的。新鲜的空气、清爽的微风、迷人的美景、茂盛的树叶，都能对疲惫的灵魂加以滋养。无论是徒步旅行或野外露营，甚至是自然保护区的短暂一日游，都有助于内心的平静。请想象一下自己在山中冥想的场景。

1. 如果有条件，可以在室外平躺；如果没有，找个舒适的地方躺下。还可以自行添加一些模仿山林环境的小细节，比如打开窗户让微风吹进来。

2. 闭上眼睛。

3. 缓慢地进行长呼吸。

4. 将全身托付给大地支撑。

5. 去感受柔和的山风吹过脸颊和身体的那种凉爽。

6. 慢慢地站起来，重新呼吸一次，让山中清新的空气浸润肺部。

17. 与自己保持联系

　　无论何时，如果渴望获得平静，就把手放在肚子上或胸口处，把注意力从胡思乱想转移到你的身体上，身体是永远立于当下的，也是内心的平静长居之处。

Be
Grateful
FOR
Yourself

18. 感激自己

做你自己，意味着自己的想法、感觉和信念能够不卑不亢地产生和表达出来。这并不意味着每件小事都需要回应。

如果发现自己开始和别人比较，或者质疑自己的能力和优势，一定要引起警惕。这些疑虑就是明显的信号，表明你可能正在偏离自我的存在感。一个人的内心对外部刺激采取什么样的应对方式，决定了他未来道路的方向。若要回归正轨，则需把注意力放在当下，停下匆匆的脚步，感激所有让你能够走到现在的美好事物。这些事物可以记在本子上或记在心里。花点时间回顾这些美好事物，并感激自己重新做回了自己。

Wring Out YOUR STRESS

19. "拧干"压力

把所有的思绪都停一停。不要让各种想法在脑中喋喋不休了。要想保持神志清醒，片刻的休息是必不可少的。这种正念冥想有助于让人适时停下脚步、合理放手，以便应对各种不理智的冲动。

1. 躺在瑜伽垫上或地毯上。展开双腿，呼吸几次。吸气时用鼻子，呼气时发出"哈——"的音。

2. 双膝靠拢胸前，抱着膝盖再做几次呼吸，正常呼吸即可。

3. 双臂向两侧伸出，膝盖弯曲，双脚触碰垫子。吸气。呼气的时候膝盖向右，眼睛看向左边。保持这个姿势呼吸几次。重新吸气，膝盖再转向另一边，眼睛看相反方向，再呼气。

4. 把你的身体想象成一个巨大的海绵，自己正把所有杂乱无章的想法像挤水一样全部挤出来。等感觉到身体被"拧干"了，就可以享受安宁与平静了。

Give Yourself AN Aromatherapy Massage

20. 给自己做一次芳香按摩

精油也是一种正念工具，能让你头脑清醒，身体放松。要达到最好的效果，应该使用纯净的、未经二次处理的精油。

精油在涂抹前需要通过基础油进行稀释。基础油是一种纯油，如特级初榨冷压橄榄油或芝麻油都属于基础油，可用于稀释精油。在基础油中加入几滴精油即可。这里有个常用的配比，先确认基础油的容量，以毫升为单位。测出的毫升数除以2，得到的数字即为精油滴数的最大值。首先，精油稀释后在手上滴几滴，然后揉搓双手将精油的香味催发出来。再把双手手掌贴于脸上，吸气几次，摄入精油的香气。然后自头顶开始轻轻按摩头部。之后再慢慢地沿着身体向下继续按，全程要注意力集中。

21. 积聚能量

　　将手贴在身体上或置于身体上方，让其作为一种生命力能量的通道。这种方法可以用于解决情感和心理问题，甚至可以说，它是一种支持和促进个人正向变化的工具。运用能量进行自愈有助于消除压力，为平静创造空间。双手放好后，去想象和感受能量从手掌流入身体，就像水从水龙头流入盆里一样。过程中，想象身体是一个需要装满水的盆，而手掌则代表水龙头，加速能量的流动。

22. 驻足聆听

大自然中处处皆是平和之声。

　　窗外潺潺的流水声，鸟儿的啁啾声，微风轻轻拂过树林的声音，这些都能舒缓你的神经系统。在日常生活中，可以放下手上的工作去注意倾听这些声音。不过，这些平静之声时常会被突然打断（比如狂风吹落树叶的响声或孩子的哭喊声），可以有意识地培养自己对于远近事物的关注能力。当然，狂风吹叶的声音可能会很响，让人分神，但记住，离自己最近的声音就是呼吸声。尽可能从干扰中撤出（例如关上窗户），让关注点回到呼吸上。

STOP THINKING

这种冥想的理念是"不思考"：在早晨醒来的那一刻，就要立刻把那些在你脑海中突然浮现并徘徊不定的所有思绪清空。

23. 停止思考

先用几分钟让自己的大脑静下来，所需的安心、能量和平静才会降临。

① 找一个能安静独处的地方。

② 坐在地板上或椅子上。双腿可以交叉，也可以向前伸直，自己感觉舒服就好。

③ 坐姿调整好之后，慢慢地挺直脊背，头顶朝向天花板，收起下巴。放松肩膀。

④ 闭上眼睛，或者目光朝下。

⑤ 双手放松置于膝盖上，掌心向上。

⑥ 用鼻子慢慢吸气，用嘴慢慢呼气。

⑦ 接下来几分钟什么都不做，只专注于呼吸。

⑧ 当你感觉精神集中、内心平静、心无旁骛之时，就可以解除这个状态，并慢慢站立起来。带着这种平静的感觉去度过这一天吧。

24. 树式平衡

　　树式是瑜伽的体式之一，对于消除身心的日常压力见效极佳。树式有助于培养平衡感、稳定感和镇静感。

1　双脚分开站立，与臀部同宽。脚面的各个支点均匀地按压在地板上（如果天气允许，在室外光脚练习效果更好）。

2　伸展脊背，头顶朝向天花板（室外则朝向天空），轻轻地活动腿部肌肉，腹部向内拉伸。

3　右脚脚面贴在支撑腿上，右膝向右侧打开（可以借助椅子或柜子以保持平衡）。双手合十做祈祷状。双眼可聚焦于某一静止物体来帮助平衡，把注意力集中在呼吸上，直到感觉平稳。

4　双手上举，就像树展开枝叶。在树式状态下，脑中可以想想是什么树同自己产生了共鸣。是一棵随风摇摆的柳树，还是一棵英姿挺拔的橡树，再或者是樱桃树或苹果树？

平静总是如此美好。

——沃尔特·惠特曼
（美国诗人）

25. 收集贝壳

捡贝壳的过程会让人身心舒缓，而贝壳本身也是不错的纪念品，能让人再度回想起海洋的宁静与深邃，洗去身上所有的疲惫和倦怠。

带一个大桶去海边散散步吧。海滩上躺着各种各样的贝壳，比如色彩斑斓的贻贝和扇贝。运气好的话，或许还能发现其他宝藏：海星、浮木、海玻璃和被海浪及流沙打磨光滑的石头。这些贝壳收集起来还能做装饰品。

26. 以自我为中心

　　找到内心平静的最好方法之一就是集中精神。要想在忙碌的一天中挤出片刻的宁静也可应用此法。这一练习有助于活跃身心之间的联系，可在完成此练习之后再学习更高难度的瑜伽姿势或进行其他体育活动。

1. 采取舒适的坐姿，双腿交叉。

2. 轻轻把双手放在大腿上。闭上眼睛。放松前额、眼睛、下巴和舌头。

3. 逐步放松全身每个部位，过程中保持自然呼吸。

4. 完成后，专心感受呼吸时气息从身体的进出。多做几次。

5. 然后做深呼吸。吸气时，让腹部、肋骨和胸部进行三维扩张。呼气时，让胸部、肋骨和腹部逐渐放松。

（江河）知道
自己将前往何方，
它对自己说：
"无须匆忙，
总有一天会到达的。"

——艾伦·亚历山大·米尔恩
（英国作家）

27. 家里摆放鲜花

只需在花瓶里装满鲜花，放在家里任何一个位置，大自然的抚慰之力即可苏醒。

注意，只要有生命体存在，或是鲜花的芬芳开始飘散，空间的能量就会随之改变——同时还能改变你自己的能量。可以根据你的喜好去选择花的颜色或气味。挑选鲜花的过程也是一种冥想：沉下心来观察每朵花的花瓣，感受不同的气味。

DO SOME COOKING THERAPY

28. 烹饪疗法

这种正念冥想最适用于食材及配料都很丰富的菜式，而同样的方法也可用于观察和欣赏所制菜品涉及的各类不同元素。

　　举个例子，在备菜过程中一定要把节奏放慢，并调动自己所有的感官：

● 观察蔬菜的颜色：胡萝卜的橙色、西蓝花的绿色、洋葱的白色。

● 感受蔬菜的质地：玉米棒上柔滑的玉米须，胡萝卜粗糙的表皮，土豆表面凹凸不平的芽眼。还记得上一次如此细致地观察蔬菜是什么时候吗？

● 切菜过程中可以时不时尝尝生蔬菜，品一品它们的质地和味道。

● 用一点时间向每一个辛勤工作给你带来食物的人表达由衷的感激：在农田忙碌的农民和工人、销售食物的店员，还有你自己，感谢自己努力制作出营养丰富的餐食以滋养生命。

29. 观察云朵

观察云朵，可以培养理性客观的思维方式。

抽出5分钟时间观察天空，云朵的形状能否触发某些回忆？是否能察觉到云在慢慢地移动和变化？有时，大片灰黑的阴云最终散去，而让蓝天得以重现；有时，一朵兔子状的云彩会逐渐变成冰激凌蛋筒的样子。而随着云朵的变化，你自己当下的思维模式也在变化。

30. 享受艺术之美

　　我们的日常生活充斥着成千上万的视觉图像：广告牌上、手机里、电脑里，比比皆是，无处不在。现在抽出几分钟做个冥想，体验其中之美。

1 挑选一件艺术品。可以是家喻户晓的名作，也可以是自己创作的东西——赏心悦目即可。将其放在明显位置，便于观察其全部细节。

2 全神贯注，慢慢观察其颜色。注意光线对颜色的明暗、阴影和深度的影响。

3 闭上眼睛，回想上述全部细节。将之前所看到的一切在脑中想象出来。

4 睁开眼睛，比较一下眼前的视觉图像和脑中所想是否一致。如果有明显不同，重做练习即可。

Hit Pause

31. 按下暂停键

通常，紧张情绪一旦出现，隐蔽而安静的冥想所带来的片刻平静便成了可望而不可即的奢求。

但现实中，这种平静时刻出现的机会凤毛麟角，所以只能靠自己创造条件了。有意识地给自己按下暂停键，能够调节身心状态，恢复活力。所以现在就停下来，马上行动。

1. 如若出现紧张焦虑、走投无路的情绪，马上停下来。这是一个短暂冥想的大好时机，可以消除心理焦虑、恢复常态。

2. 暂停脑中的一切杂乱想法，此时此刻内心的平静要占主导地位。把那种平静想象成内心的一处净地。与此同时挺直脊背，抬起下巴。把视线集中在头顶上方的天花板上。

3. 慢慢地、有意识地呼吸。想象空气一点点送入肺部，而内心的宁静之地也敞开了大门，好似主人开门迎客。呼气时，要对这难得的暂停一刻表达感激，然后再继续处理手里的工作。

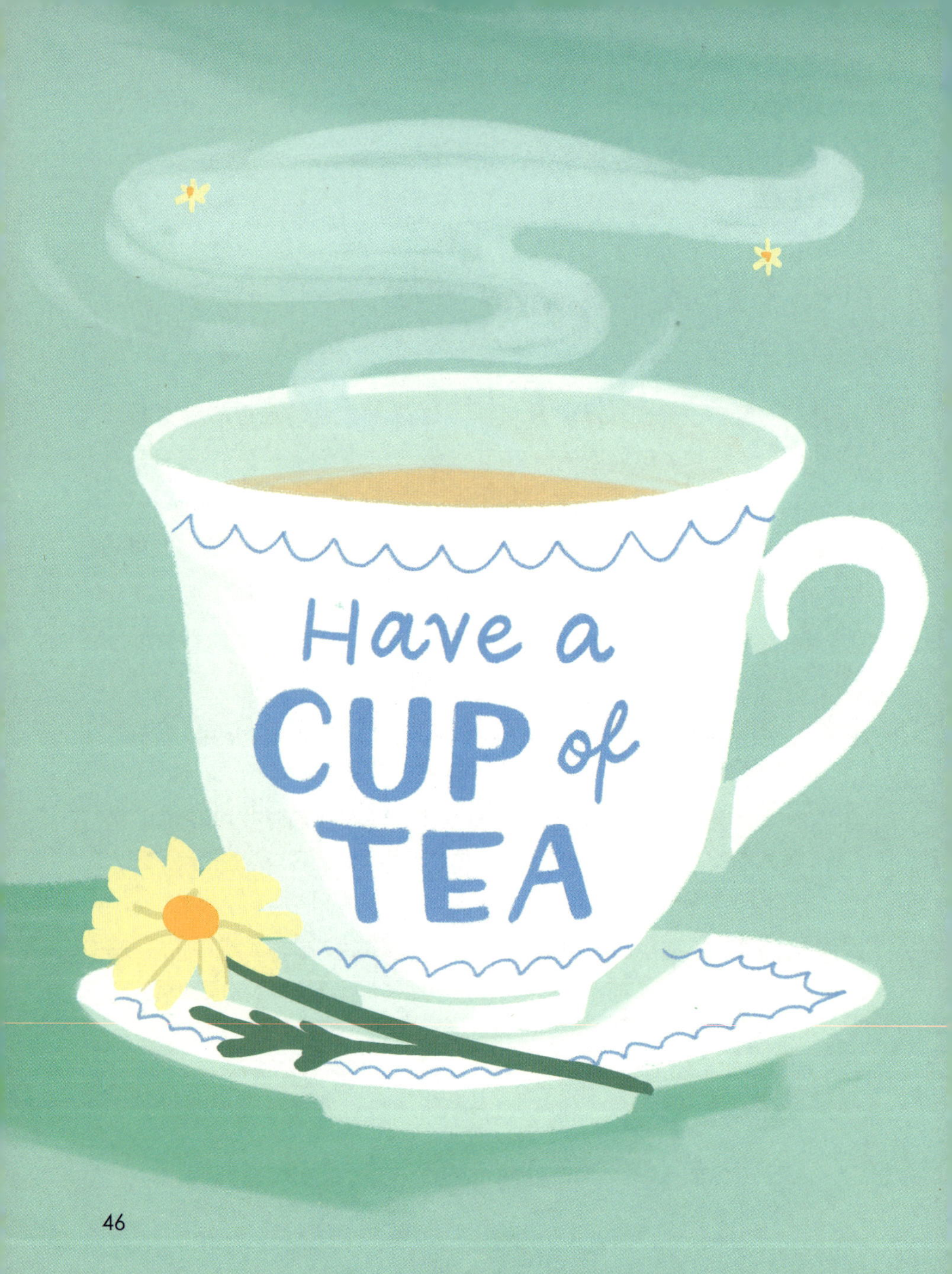
Have a
CUP of
TEA

32. 喝一杯茶

很多茶都能带来平静之感：试试洋甘菊茶或柠檬茶。微热的茶杯和每喝一口所带来的暖意也有助于平心静气，当然也可以按喜好换成热可可或其他温暖的饮料。

1. 品茶冥想时，要调动你所有的感官。使用自己心爱的茶杯。

2. 把热水倒入茶壶或直接倒入杯子里，静置几分钟。俯下身闻闻茶的香味。观察茶的颜色。是金色吗？想想黄金的颜色是什么样的。由此开始，还能发散出什么思绪？

3. 深吸一口茶香味，把杯子举到唇边。先用呼吸去感受这份温暖。接着慢慢地小口饮茶，把味蕾和嗅觉专注于茶本身。有什么味道存在？你能尝出花儿或草药的味道吗？如果水温合适，可以喝一小口茶到嘴里，真正品尝它微妙的味道。

33. 休息一会儿

适时稍做停歇，让当前的沮丧和压力暂时远离，把这段特殊的休息时间留给自己。

后背靠在墙上，让墙支撑起身体。专注于你的呼吸。试着观察情绪的流动，并识别出当前的情绪。以当前情绪状态持续呼吸（多做几次），观察是否会产生变化。同时可以思考当前所面临的问题的最佳解决方式。如若心境开始逐渐趋于平和，对问题的认知愈加深刻，这个时候则可以回到解决问题的行动中去。要相信自己能够找到最好的应对方法。当你获得平静后，周围的人都会有所感知（即使只是潜意识层面上的感知），也同样会趋于平静。

34. 做一些园艺工作

照料植物的过程会让人感觉欣慰和舒缓。就这一点而言，无论是园艺大师还是刚开始养植物的新手，感受都是相当一致的。

今天，暂时先把计划中的待办事项搁置一旁，好好照料你身边的植物吧。给它们浇浇水，把枯黄的败叶清理干净，手要沾沾土才算是接了地气。这样会让你感觉踏实和平静。不仅孩提时光在沙地里玩耍的记忆被重新唤起，同大地之间的连接也重新建立起来了。

TRY the THREE-PART BREATH

35. 试试三段式呼吸法

以下呼吸练习称为"三段式呼吸法"，其侧重于放松的深呼气，对镇定思绪及神经系统大有裨益。此项练习不适用于头部、躯干部近期受过伤或动过手术的人群。

1. 以舒适的姿态坐好，挺直脊背。

2. 紧闭双唇，放松前额、下巴和腹部。

3. 用鼻腔进行稳定的深吸气、深呼气。

4. 减慢呼吸频率，让自己能感觉到腹部、胸部随着每次吸气和呼气而同步扩张、收缩。

5. 用几分钟时间调整，形成放松而均匀的呼吸节奏。

6. 接下来放慢速度，延长呼气时间，让呼气时间比吸气时间长一些。呼气时轻轻收缩腹部肌肉，有助于延长呼气时间。

7. 将腹部持续朝内收缩，做出缓慢的呼气动作。过程中保持舒缓轻松的情绪状态。

8. 持续延长呼气时间，达到吸气时间的两倍。保持放松，轻轻地收缩腹部肌肉，将空气从肺部挤压出去。

9. 持续练习3至5分钟。

36. 说一句让自己平静的话

虽然压力并非一定会造成消极影响，但过大的压力总是有百害而无一利。

一旦压力造成自身情绪失控，陷入恐慌，需首先针对大肌肉群（比如大腿和臀部）进行放松，并对自己说："现在我已经释放了所有多余的压力，我很平静，很平和。"同时，双脚要平放在地上，还可以用手掌以按摩的手法摩擦大腿。

37. 打电话给朋友

　　和值得信赖的朋友通个电话，有助于内心的平静，并能获得观察事物的全新观点。可以同对方进行坦率而真实的交谈，他/她会体贴你，真正关心你的需要和感受，你们可以幽默地互相调侃。

　　学会自嘲，别太把自己当回事！真正的朋友，在任何情况下都会鼓励你，接受你，支持你。每个人都需要纯真的友谊，接受他人的给予，也需要真诚的付出。拨通电话之前，请记住以下提示：

- 身体放轻松，可以抬高双脚，并在触手可及范围内放一杯茶。
- 要用心与朋友交谈，在压力巨大的时候寻求对方的支持。同如此理解和关心你的人建立心灵的联系。

Listen TO MUSIC

54

38. 听听音乐

大家都知道音乐在改善情绪、恢复能量、缓解压力方面的作用，但很少有人了解，音乐同时也是一味健康的补药——研究人员发现，听音乐对健康有很多好处，甚至可以改变对疼痛的感知。音乐也会触发内啡肽的释放。

现在，把全部注意力放在你喜爱的音乐上。可以在上下班路上听，洗碗时听，或者入睡前放松时听。有研究证明，跟着音乐旋律放声高唱，能够有效降低皮质醇（一种与压力有关的激素）。

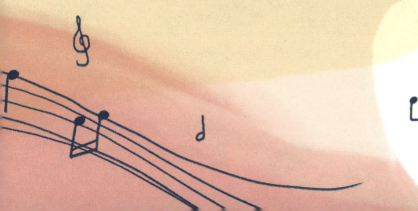

BE LATE FOR WORK

39. 上班稍迟些

早晨起来给老板打个电话，说自己会晚到一会儿。好好利用这一点额外的时间让自己过得舒服点。

煮一顿美味的早餐，做一会儿瑜伽练习，带狗出门多遛一会儿也可以。有时候我们看起来总是起早贪黑忙碌着，而今早就不一样了，大可从容淡定地支配时间。上班路上也不堵车了，而且今天的你很有可能心情更愉悦、压力更小。

40. 想象一片草地

这种冥想会引导视觉进入一种平和、平静的状态。

1 尽量找地方平躺下；没有条件就舒服地坐着。

2 想象你正躺在开遍野花的山间草地上。空气中充满了泥土、花朵和野草的芬芳。

3 想象远处有一条山涧，溪水缓缓流淌着。

4 想象你所有的烦恼、忧愁、伤痛和失望都随着流水越漂越远。

5 放松，什么都不要想。

6 当内心感到平静时，慢慢站起来，在四周走走，周围的美景让人如此陶醉。

如果面对一件事

不再心生抗拒，

而是主动融入，

那么这件事本身

就会产生合适的解决方案。

——埃克哈特·托利

（德国心灵导师、作家）

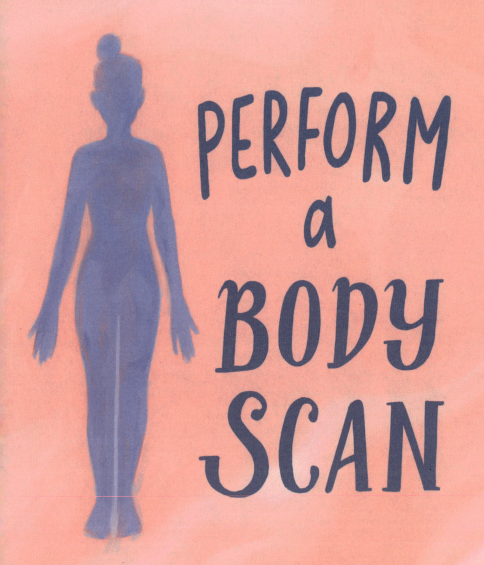

PERFORM a BODY SCAN

41. 进行全身感知

要想让自己活在当下，释放体内的一切压力和紧张，这里有一个很重要的方法——全身感知。

1. 仰卧，双腿在地上舒适地伸直。在双膝下面放个枕头或靠垫。

2. 用鼻子缓慢地深吸气，用嘴呼气。全身放松。把全身的重量交给大地。

3. 把注意力转向右脚。集中感知脚趾；让整个脚部放松，然后放松右脚踝。感知整个右腿；放松右腿。感知躯干右侧；放松躯干右侧。放松右肩。放松右上臂。放松前臂。放松右手（包括右手手指）。左侧重复相同的动作。

4. 放松背下部。放松背中部。放松肩胛骨。放松颈部。放松下巴。放松舌头。放松眼睛。放松太阳穴。放松眉毛。放松整个头部。

Release

YOUR

TENSION

42. 缓解紧张情绪

如果忙完一天后发现自己的情绪依然紧张不安，可以尝试这个练习来消除紧张、恢复平静。

① 平躺在床上。脚趾绷紧并吸气，呼气时放松脚趾。

② 脚跟外推，脚趾向内收，呈拉伸状。绷紧双脚并吸气，然后呼气时放松双脚。

③ 吸气时，绷紧臀部、腿、脚和脚趾；呼气时，再放松这些部位。

④ 收紧腹部，直到胸廓明显凸出；双肩抬起靠近耳朵。吸气，然后呼气时放松腹部和肩部。

⑤ 收紧双臂和双手（呈紧握拳状），略微抬起，离床约3至5厘米高。吸气，然后呼气时放松双臂和双手，重新放回床上。

⑥ 紧闭眼睛和嘴。吸气，呼气时放松脸部。

⑦ 全身收紧，然后吸气。保持几秒钟，然后呼气时发出"啊——"的长音。

43. 前屈练习

如果某一天进展不顺利，感觉自己有必要稍做休息冷静下来，可以试试以下练习。

1. 站立时双脚分开，与臀部同宽，脚趾朝向正前方。双臂贴于身体两侧。

2. 让尾椎向下伸展，脊柱向上伸展。拉伸感要延伸到头顶。膝盖略微弯曲。

3. 双臂举过头顶，吸气；呼气时，弯腰去触摸或尽量接近脚趾，好似把身体叠起来。

4. 保持这个姿势呼吸几次。先轻轻点头，再轻轻摇头。

5. 慢慢起身，让椎骨一节一节竖起来。最后再抬头。

44. 想象自己被保护

这种视觉想象对于压力和负面能量的防御效果是很强大的。

1　反复对自己说："我现在被一种力量保护着。"

2　想象那些负面的能量均被这股力量反弹回去，同时这股力量还驱散了消极情绪的黑暗。

Take
A
Bath

45. 好好洗个澡

关掉顶灯，点上几根蜡烛。喜欢的话，可以在水中加入芳香的浴油或浴盐，播放一些柔和舒缓的音乐。

1. 入浴之后，做几次深呼吸。

2. 想象水流冲走了此刻的压力，你现在感觉精神焕发。

3. 双手合十，放到胸前，把双手拇指压在心脏中心，做感恩祈祷。

4. 闭上眼睛，去感受所使用的浴油或浴盐的气味。还可以一边慢慢移动，一边听听水的声音。

5. 完成之后可以慢慢地走出浴室，用柔软的干毛巾把自己裹起来。给手臂、腿以及其他需要保湿的地方涂一层乳液。

6. 穿睡衣之前，把双臂举过头顶，轻轻地拱起背部，舒爽地发出"啊——"的深呼吸。享受那种放松、清香和恢复活力的感觉吧。

GROUND

46. 使自己扎根

　　在脑海中想象一棵高大的老树。那强壮的根系和灵活的枝条清晰可见。你也拥有强大的根系，能够为自己提供安全与平和。

YOURSELF

反复对自己说:"与身体建立牢固的联系,就能给我带来平静。"

同时,要放松腹部,每次呼气时,想象能量通过自己的双腿流入地面。

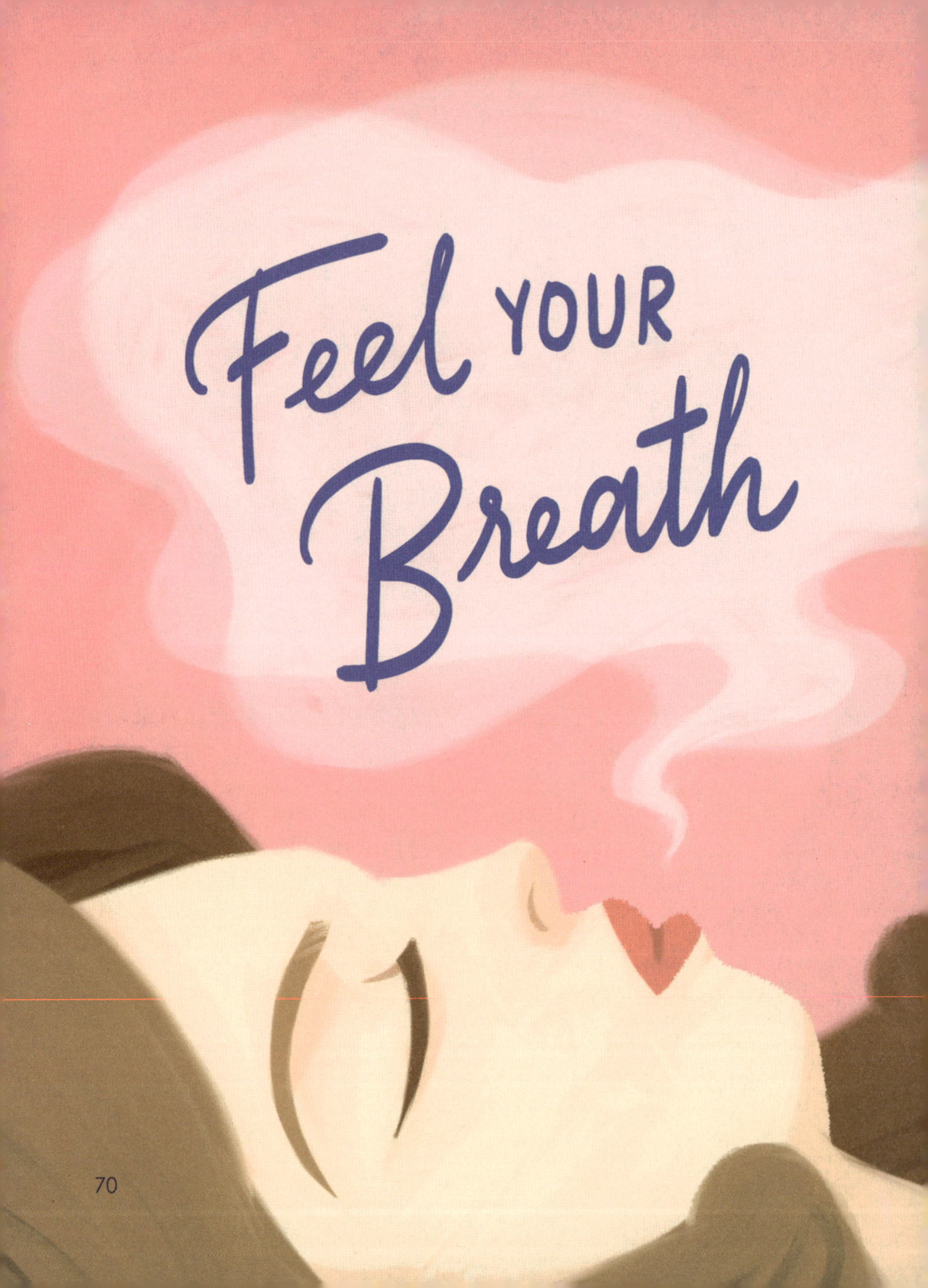
Feel YOUR
Breath

47. 感受你的呼吸

坐着（或躺着），把手放在肚子上感受呼吸。吸气时，腹部会鼓起，呼气时则会缩回。

先按刚才的方式感受一会儿呼吸的过程。然后开始按以下节奏呼吸：吸气数到5，呼气数到5。次数可以随意，觉得舒服就行。如果想要效果更好，可以用鼻子吸气，嘴呼气。甚至还可以在呼气时发出"啊"的声音。如此练习几分钟，注意观察和感受一个简单的呼吸动作是如何平复情绪的。

48. 点上一些熏香

　　熏香给人一种神圣感，对冥想的气氛也有加持。以下是一些选香建议：

- 用于改善呼吸：桉树、松树和薰衣草的气味很清新，且穿透力强。

- 用于集中精神：罗勒、天竺葵和乳香能深入个人情绪，持久力强。

- 用于舒缓情绪：茉莉花、香根草、鼠尾草和柏树对情绪都有镇静作用。

- 用于缓解压力：迷迭香能减少忧郁，薄荷科（如薄荷、留兰香）的气味能振奋精神。

- 用于鼓舞人心：广藿香、檀香、没药都是仪式用香的传统成分。

如果一个人过度沉迷思考，
那他能真正领会什么呢？

———— 释迦牟尼

（佛教创始人）

Go Enjoy Nature

49. 享受大自然

　　户外散步冥想非常有益于同内心的平静建立联系，并从周围的世界中汲取平静的能量，尤其是我们身边的绿色空间，它是我们与大自然的平静能量进行联结的桥梁。

1. 在大自然中选择一个适合安静散步的地方。可以是一条自然小径，某个公园，附近绿树成荫的地方，甚至是你自己的花园。只要能看到自然，感受到自然的能量的地方都可以。

2. 慢步缓行，敞开心扉。感激自己从所经历的每一刻、所走出的每一步中收获的美好和善意的祝福。

3. 留心周围环境的宁静，观察大自然如何将不同的事物建立联系，比如新的藤蔓爬过枯死的老树，或是绿芽从人行道的裂缝中绝境求生。

4. 行走过程中，要对身体和感觉有意识地保持平静。

5. 当你被平静包围时，请用心将这份平静传递给别人，他们能够理解你，也明白你的想法、目的和情绪都是在传达一种平和感。

50. 制作拼贴画

可以用朋友、家人和伴侣的照片，以及难忘的回忆、旅行和假期所拍的照片，并结合从杂志或喜欢的网站上找到的图片，创作一幅用于平复心绪的拼贴画。

接下来就要赋予拼贴画故事了。这个过程必须全身心投入，艺术作品的表达往往会呈现人的内心所向。如果拼贴画所展示的是你渴望拥有或成为的事物，那么想想这个渴望尚未实现的原因。通过思考自己的过去，现在的心之所爱，未来的梦想之路在何方，你就能够不再为此时此刻的日常压力所困扰。记住，你是一个有福之人。

51. 遮住你的眼睛

这里提供一种简单易行却效果惊人的冥想方法，其优势在于不受时间地点的限制，一旦需要自我调整和自我冷静的时候，可以直接使用。

1. 用双手罩住双眼，要密不透光。闭上眼睛，慢慢地呼吸几次，感受黑暗。

2. 双手姿势不变，慢慢睁开眼睛。这个过程会感觉很平和。想象自己在森林深处的大片树荫下。把这份平和带入被遮住的眼部空间中。

3. 如果感觉这份平和正在进入，而且确信自己已经准备好迎接一切挑战，就可以移开双手了。

Chop
YOUR WAY TO
Calm

52. 快刀斩乱麻

在压力感倍增的情况下，身体各器官也会有所反应和感觉。这是因为在肚脐和胸廓之间储存着许多情绪和压力。

1. 一分钟激活核心：原地慢跑，在房间里走动，或者做几个开合跳来放松。完成后回到站姿，双脚分开相距约30厘米。膝盖微微弯曲。

2. 手掌合拢，双臂举过头顶。把双臂想象成一把大厨御用切刀，随时能把西瓜砍碎。

3. 大喊一声"哈"！同时挥动手臂快速砍下去，并释放情绪能量。重复这一动作，直到感觉身体清空、心绪平静。

4. 把垫子移到墙边。仰卧，双腿靠墙，双臂向两侧伸出，手掌张开，闭上眼睛。

5. 通过呼吸排出所有残存的压力，直到感觉到平和。

53. 寻找身边的光

"合十礼"（namaste）这个词大家应该不陌生，在瑜伽课上应该见到过。这个表示问候的短语的大概意思是"我向你鞠躬"或"我内在的光看到了你内在的光"。

这个短语认为世界是由善良和光明构成的。记住这一点很重要，尤其是面对焦虑、压力或烦扰的时候。你可以从周围的人和物上识别出光和能量，并从中得到安慰。用"合十礼"向别人进行问候，同时也是在温柔地祝福世界和众生。

54. 活在当下

如果你感觉心烦意乱或不知所措，提醒自己活在当下，能够帮助你集中注意力。真正的内心平和只有在关注当下时才会降临。

可以用简单的一句话提醒自己："活在当下。"要把双脚牢牢放在地上，把它们想象成深深扎入泥土里的树根。现在呼气，让气息进入自己的身体，收缩腹部，并对自己轻轻说："活在当下。"你还可以加一句：

"平和，平和，平和。"

不必行色匆匆。

不必光芒四射。

不必成为别人。

只需做自己。

——弗吉尼亚·伍尔芙

（英国作家）

55. 物体冥想

找一件你觉得漂亮或有趣的东西。

① 保持双眼聚焦在物体上，不要看向别处。

② 开始深呼吸。

③ 把全部的想法和所有的认知都集中在物体的物理特质上。

④ 一旦感到平静与专注，请闭上眼睛并持续把注意力集中在物体上。
这种冥想状态至少保持5分钟以上。

56. 与月同憩

　　这种呼吸模式被称为月亮式呼吸法。注意这个练习不适用于低血压、感冒、流感或任何其他呼吸系统疾病的患者。

1　舒适地坐着，挺直脊背。

2　举起右手，将食指和中指收回手掌，大拇指、无名指和小指保持伸展。

3　用拇指堵住右鼻孔，从左鼻孔缓慢而完整地吸气。

4　用无名指堵住左鼻孔，松开拇指，从右鼻孔呼气。

5　重复以上过程——用左鼻孔吸气，用右鼻孔呼气。

6　持续3至5分钟。

57. 简单的呼吸课

对多数人来说，呼吸并不需要别人教。但幸运的是，不用参加正式的培训课，你也能学会如何正确呼吸。现在就可以开始练习。

做一个长的、慢的、深的吸气（下腹充气膨胀），然后缓慢、舒展地呼气（收腹），并在每次呼吸之间背诵这句舒缓的话语：

"我的呼吸是深沉的；我的眼睛是柔软的；我很平和。"

以上过程做5遍。

SCAN *your* ENERGY

58. 审视全身的能量

这里的练习能够让你关注到身体所有的能量。

1. 以脊柱底部为中心。这个位置主管稳定和安全，把它想象为鲜红色。

2. 接下来，大约在肚脐下方7厘米的位置。这个位置主管情绪，把它想象为亮橙色。

3. 现在将关注转到位于横膈膜或上腹部的位置。这个位置主管内在的力量和自尊，把它想象为亮黄色。

4. 现在走到位于胸部中心的位置，大约与心脏同高。这个位置主管爱和同情，想象它散发出一片生机勃勃的翠绿的光。

5. 再回到喉咙上。这个位置主管交流，想象它发出蓝色的光。

6. 注意力再来到额头中央的位置。这个位置主管洞察力，想象它发出紫色或靛青的光。

7. 最后，把手放在头顶处。想象治愈的白光通过双手迅速填满了大脑，让自己放松。

59. 大笑一场

笑如一味良药，能够打破消极情绪，抚平心中的恐惧和焦虑。

"哈哈""呵呵"这类的笑声能够促进体内能量的运动。当你感到有压力或忧虑时，停下手里的事去看看自己最喜欢的搞笑电影或喜剧节目，观赏一部经典卡通片，或者浏览你最喜欢的网络漫画。你甚至可以搜索有趣的网络视频，随手就能找到好多充满趣味的内容，足够你乐上好几个小时。一旦大笑引发肚子有所反应，请闭上眼睛，用心体会那种放声、捧腹大笑的感觉。开怀大笑所蕴含的力量和正能量能够缓解负面情绪，即使这一天过得再艰难，这种笑也能帮助你平静下来。

跟着自然的节奏：
她的秘诀是耐心。

——拉尔夫·沃尔多·爱默生
（美国诗人、作家）

60. 水上冥想

如果你有机会待在水边，这是一个很好的冥想方法。

四处走走，看自己是否天生自带水感。要想象身体跟没有骨头似的，如液体一般柔软。闭上眼睛。要知道，水的治愈性，就藏在身体的功能之中：

- 眼泪如江河，有时会从双眼倾泻而出，有时又只是涓涓细流。
- 细胞的活动，思想和感知的运动在大脑中快速穿梭——身体的所有系统都在不停地流动。

其实我们身体本身也总是处于流动和变化的状态。现在，让那些困扰你的事情从你身上流走吧。

61. 大声喊出来

保持冷静和正念并不意味着以后不会产生愤怒或心烦的情绪，而是帮助我们以一种有意识的方式来表达这些情绪。

如果需要表达愤怒，用一声原始的尖叫把它发泄出来（最好是在一个不会吓到别人的地方，比如车里）。这样做的目的是把这种感觉从身体里释放出来，进入空气中，让它自行消散。这个练习可以让沮丧的情绪有个发泄的出口。

Say
"I AM ENOUGH"

62. 对自己说"我足够好"

俗话说：万事开头难。比如开展一项新业务时，你可能会突然担心自己没有足够的经验。或者作为一个新手妈妈，突然觉得责任过于重大而难以承担。

在这样的时刻，要提醒自己，你是完整的，你现在的样子就足够好了。稍做暂停，用鼻子吸气，用嘴呼气。诚心诚意地大声说："我已经足够好了。"

DO
DOWNWARD

63. 下犬式瑜伽

　　这个练习可以伸展整个背部，强化上半身力量并改善血液循环。整个过程可能都用不了一分钟。下犬式瑜伽是一个特别完美的自我恢复、对抗身心压力的方式。

FACING DOG

1. 开始前，活动双手和双膝。

2. 收起脚趾，伸直双腿，抬起臀部，形成一个倒立的V形。

3. 手掌用力按压，将更多的重量转移回脚跟。脚跟伸向地面。头部悬垂。

4. 如果想稍微轻松点，可以把额头（发际线位置）放在一摞书或瑜伽砖上。如需强化活力，上半身可以形成俯卧撑或者平板支撑姿势，吸气时再回到下犬式，总共做5个循环。

64. 想象一片湖

有时候你可能会发现，身体倒是可以平静下来，脑中的想法却在群魔乱舞。没关系，随它去。这里介绍一种冥想，用疏而不堵的方式来处理脑中的想法。

1 选择一个舒适的坐姿。

2 挺直脊背。把双手放在大腿上，掌心向上。

3 闭上眼睛。做几次清爽的呼吸，然后慢节奏地吸气和呼气。放松。把那些对外部环境的想法都释放掉。让你的心敞开接纳。

4 想象大脑是一片湖，那些浮躁的思绪都是微风吹过湖面而泛起的涟漪。

参天巨树，
始于种子。
牢记于此，
请勿匆忙。

——保罗·科埃略
（巴西作家）

STIMULATE ACUPOINTS

65. 刺激穴位

唱颂歌可以刺激穴位，提升冥想状态。

纳达（Naad）瑜伽认为，人的上颚有84个穴位，当舌头触碰到这些穴位（比如说话时），穴位就会受到刺激。穴位刺激大脑的下丘脑，下丘脑刺激松果体，松果体刺激脑下垂体（脑下垂体和整个腺体系统在体验情绪方面具备一定作用）：这种联系意味着一个词的发音（以及在说这个词时舌头敲击的各个穴位）和这个词的意思一样重要。几千年来，瑜伽修行者唱颂歌，旨在敲击穴位，提升冥想状态。

Breathe

LIKE A

Lion

66. 像狮子一样呼吸

瑜伽中的狮子式呼吸练习可以刺激神经、感官和思维，并激活免疫系统。此外还有助于释放压力，令人神清气爽。膝盖、面部、颈部或舌头最近或长期有伤的人群，请不要采用这种呼吸方式。

1. 选择舒适的坐姿。先把全身重量压到臀部，同时头往上顶，这样能延展脊柱。放松身体。

2. 闭上嘴，观察呼吸从鼻孔进出。慢慢地让呼吸变得稳定而有节奏。

3. 双手放在大腿上，手指呈扇形展开。

4. 用鼻子深深地吸气，同时收腹，胸部向前压，拱起上背部。抬起下巴，睁大眼睛，向上凝视眉心方向。

5. 张开嘴，伸出舌头。舌尖向下巴方向伸出，慢慢地呼出所有气，同时发出响亮有力的"哈——"声。

6. 步骤 4 和步骤 5 重复4至6次。然后停下来放松一下。

67. 享受网球按摩

1. 平躺在瑜伽垫上。

2. 拿一个旧网球放在背部下方，脊柱和左肩胛骨之间。

3. 弯曲左膝，把脚靠近臀部。

4. 吸气，放松双手，置于身体两侧。

5. 呼气，让身体的重量慢慢落在网球上。

6. 左脚支撑，让背在球上来回滚动。

7. 找出身上肌肉最柔软的位置，让身体整个沉到球上。

68. 动手洗碗

　　用心做家务（尤其是这一天过得很煎熬的时候），也可以作为一种冥想。全身心地投入一项需要动手的事情，尤其是对自己和家人都有益的事情，感觉会很好。

　　洗碗就是一个可以用心做的家务活动。把水槽装满洗涤水（购物时可以细心点，买一些香味怡人的有机产品）。把手伸入洗涤水中，享受那种包裹着双手的暖意。然后慢慢地擦洗每一个碗和盘子，这个过程万不可急于完成，也不要想着集中注意力一口气做完。相反，一次只关注一件物品。当你把每一件物品都小心地放在盘架上晾干时，就可以好好欣赏欣赏这些餐具了。

Take the PRESSURE OFF

69. 摆脱压力

在生活中，设定时间表有助于你把任务坚持下去。然而，如果你发现自己因为必须按照一定的顺序或在一定的期限内完成某些事而感到压力倍增，一定要及时提醒自己，你已经足够好了，现在这样就挺好。你的成就确实可能值得为之奋斗，但绝不是衡量自己价值的标准。你已经拥有了所需的一切。设定目标和追求梦想会让你成为更好的自己。

70. 放下你的手机

可以简单评估一下你对电子产品的使用情况。是否能做出简单的改变，来帮助自己更清楚地了解你和它们互动的时间和方式？

可以尝试以下方法：

- 关闭推送通知。
- 用传统闹钟代替手机。
- 睡前至少30分钟关闭所有设备。
- 在查看手机之前决定好要做的事情，比如深呼吸3次或者做10个开合跳。

选择一种你能够坚持下去的方法。要调整自己的状态，为成功做好准备——太多的规则可能会让自己感到恐惧和缺乏动力。

71. 甩掉它

有时候，当压力或消极情绪像噩梦一般挥之不去时，你可以通过身体的胡乱摇摆来摆脱它们。想要做出改变，肢体动作算得上是一种非常现实而有效的方式。这是一个有用的、简短的练习，可以摆脱你的消极情绪，让你腾出空间拥抱平静。

1 找一处稳固坚实的地面，站好。

2 每次抬起一只脚，摆动你的腿，同时吸气和呼气各做三次。如果不好保持平衡，可以抓住椅背，以防摔倒。

3 在双腿都完成摆动之后，摆动你的手臂，同时做三次深呼吸。

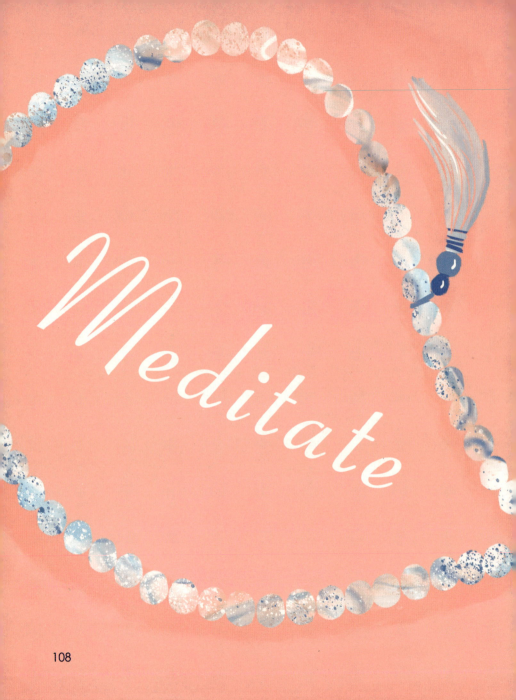

Meditate

108

72. 默念冥想法

① 找一个安静的地方，自己选一个适合冥想的舒适姿势。

② 选一句话，能给自己产生力量感就行。

③ 心中默念这句话。通过冥想凝聚内心的力量，感受心灵的平静与和谐。

④ 重复默念这句话。

⑤ 根据自己所需完成冥想后，就可以停下来将这次体验进行整合。要让冥想的效果在身体内部产生共鸣。

73. 享受安静的时光

如果你总是喜欢开着电视或收音机，或者你总是伴着电视节目或音乐声入睡，那么你可能有依赖噪音的习惯。

噪音可以暂时掩盖你的孤独或紧张，可以使焦虑的头脑平静下来，或者让混乱的思绪有所分散。持续的噪音可以给人带来自我解脱，但如果这些噪音开始损害你的思考能力和执行能力，或者促使你去逃避面对压力和面对自己，那么这个时候就必须在生活中为安静留出一些空间了。过多的噪音会给身体和精神带来压力。让自己休息一下，每天至少安静10分钟。

74. 用橡皮泥做雕塑

童年的你玩橡皮泥的时候可能只是进行简单的揉捏，对制作雕塑的兴趣不会很大。橡皮泥的味道比较奇怪，但它自有吸引孩子们的魔力。

现在的你虽然长大了，但依然可以享受把橡皮泥捏成动物或花朵的乐趣，并在制作的过程中将压力消除。买几罐橡皮泥，慢慢做一个漂亮的雕塑。或者还可以把面粉、水、盐、植物油和一点食用染料进行混合，自己做橡皮泥。

MEDITATE ON the SOUNDS Around You

75. 周围声音的冥想

　　现代生活处处皆是令人紧张、扰乱心境的噪音——电脑和手机持续不断的电子音、微波炉的嘀嘀声，还有城市街道上交通的轰鸣声。不要试图去屏蔽所有外界的声音（这种做法过于反常，可能会引发一些负面情况），可以用下面这种冥想方法来决定自己想听到多少声音，并能够平静、愉快地接受这些声音。

1. 用自己觉得最舒服的冥想姿势，闭上眼睛。开始倾听。

2. 从能够辨别的、离你最远的声音开始。例如，如果你能听到走廊里水龙头出水的声音，那就把其他所有声音都排除，专心听这个声音。任务目标是只让水龙头的流水声入耳，其他一概不听。

3. 现在转到下一个离你更近些的声音。例如，如果你能听到风吹在房间窗户上的声音，那就排除其他声音，只听这个声音。

4. 继续倾听那些距离你更近的声音。最后回到你的呼吸和心跳声。

5. 睁开眼睛，重新开始倾听日常生活中的各种声音。

Take a Walk

76. 散散步

无论走到哪里，你都可以利用当下的时间进行步行冥想，为你的一天创造出一丝平静。

记住，散步没有目的地，只是走走，仅此而已。走路的时候，要放下所有的烦恼和顾虑。面带微笑。把散步速度尽量放慢，不要快步走。

观看事物要抱着第一次看的心态，想象自己天生双目失明，现在却突然重见天日。注意观察所看到的一切美好事物，无论是天上的云朵还是树叶上的纹理，真正用心地去看每一个事物，放下所有以前固有的判断。不要管自己要去往哪里，只需要专注于行走的过程，专注于身边的光、空气和美即可。注意力要时常重新回到自己的姿态和呼吸上，以保持冥想状态。这个时候你的思维已经变得平和、安静，请记住这种感觉，以后当生活又开始加速到难以负荷时，就可以重新找回这种感觉。

77. 用颂歌获得平和

So Hum颂歌是一种传统颂歌，用于反映自己的呼吸之声——So，吸气；Hum，呼气。

① 盘腿坐，挺直脊背，手掌向上伸直，放在膝盖上。任意能保持一段时间的舒适坐姿亦可。

② 闭上眼睛，把注意力集中在眉心；不要紧张，放松。

③ 吸气时脑中想象"So"这个词，呼气时想象"Hum"这个词。

④ 把注意力持续集中在眉心和自己的呼吸上。

如果我们能用微笑面对日常生活，
如果我们能平和、快乐，
那么不仅是我们自己，
而是所有人都会从中受益。

——**释一行**

（佛教禅师、作家）

WATCH your BREATH

78. 关注你的呼吸

这种方法只要几分钟就能使神经系统平静下来，并带来平和的感觉。闭上眼睛。闭上嘴。把注意力集中在呼吸上。

1 注意每次吸气的长度。

2 注意呼吸的方向。吸气的时候，你能感觉到空气逐渐充满双肺并使腹部胀大吗？你能感觉到气息进入鼻腔、带入清凉，并一路向下进入肺部吗？

3 在把所有这些意识都集中到呼吸上之后，慢慢开始更长更深的吸气。每次吸气应该持续5至6秒，呼气时也持续相同的时间。

4 把右手放在肚子上。深吸气（5至6秒），让腹部与手紧贴。呼气时，让肚脐慢慢下沉，往脊椎方向压。

79. 一切都在掌控中

焦虑或紧张的人会感觉自己经常被各种状况困扰而无法自拔。如果你也有同感，可以尝试以下练习。

背诵下面这段话：

选择就是自由。

我选择_____。

在空白处，填写自己声明的内容。例如，与其说"我必须去工作"，不如说"我选择去工作"。然后加上这个选择给你带来的好处："通过工作，我可以住得好一些，吃得好一些，还能享受自己的爱好。"这些话能带给你更多的能量，让你重新主导自己的人生，创造自己的经历，还能在你陷入人生低谷，充满无力感之时，让你重获安心，拾起平静。

80. 创造治愈仪式

你可以通过自创的某种治愈仪式来抵御压力，这种仪式适合每天都做，而且要简短，几分钟即可完成。

可以是在花园里修剪花丛，坐在后院品尝一杯柠檬水，或者在网上找一个你早就想尝试的食谱。可以是任何能让你有愉悦感的事物，用以提醒你，你也是需要被宠爱的。

Take a Calming Shower

81. 平静地沐浴

沐浴过程中，清除脑中的一切干扰，清晰地陈述你的想法："我正在摆脱所有的担忧，专注于我的身体和感官。"

1. 静立几分钟，让水流遍全身，什么都不要想，只需要静静地感受温暖的水流让身体恢复活力。

2. 边吸气边放松，呼气时排出沮丧的情绪。留意一下，当忧虑开始消散，且肌肉的紧张感消退时，是什么感觉。

3. 注意你的感官：闻闻肥皂或洗发水的香味，感受毛刷的粗糙质感。让这些气味和质感唤起你愉悦的回忆。倾听水从头上倾泻而下的声音。

4. 沐浴结束前，做几次深呼吸，呼气时要发出"啊——"的声音。

5. 走出浴室后持续关注自己的感觉。感受浴巾的质地，观察其吸收水分的过程，以及擦干后的肌肤与浴巾接触时那种干爽洁净的感觉。

Do
COBRA
POSE

82. 眼镜蛇式瑜伽

眼镜蛇式是提神效果极好的瑜伽姿势，适合在中午进行练习。

1. 面朝墙站立。双手贴墙放在与肩同高的位置。张开手指，压在墙上，双肘夹紧腰部。

2. 身体前倾，紧贴墙壁，额头靠在墙上。闭上眼睛做几次深呼吸。上半身向后拉长脊柱，眼睛看向天花板。吸气，用力提臀。呼气，将心脏位置向天花板方向抬起。

3. 呼吸几次，到最后一次呼气时，把额头重新靠在墙上。

Create
YOUR OWN
Sanctuary

83. 建立自己的庇护所

　　在忙碌的一天中，似乎无论何处都无法求得一刻的平和。而接下来的冥想要提醒你，无论身居何处，你的内心都存在一个平静的庇护所。

① 坐直，闭上眼睛。开始深呼吸，将意识集中在眉心。

② 逐渐将意识中心下移至胸中部。现在对这个空间进行观察。你可能会感觉到黑暗，或者可能会想象你的心脏和肺在不停地扩张和收缩。

③ 接着想象这个区域充满紫白色的光。把这种光想象成暴风雨后刺破阴霾洒向大地的灿烂阳光。慢慢强化脑中这一场景，让这些光越来越亮。

④ 脑中可视化场景建立之后，就不需要刻意再去想象了。回到单纯的观察即可。其实光明和黑暗并不是互相对立的，而是同一现实场景中不可或缺的组成部分。

84. 远离闹剧

人际关系的各类闹剧均来源于冲突、不安和痛苦，这些闹剧是平静与平和存在的巨大障碍，尤其是当你被卷入闹剧中时。

也许你的家庭或工作环境充斥着流言蜚语和冲突争执。这种环境极易让人际氛围剑拔弩张。为了应对这种情况，你可能会被迫把自己从这类环境中强行抽离出来。这样的方式可能在一定程度上有用，但这种逃避性的忽略或抽离依然只是闹剧过程的一个组成部分。想象自己对正在发生的事情持中立态度，这就意味着闹剧不会对自己产生任何影响。换句话说，就是要做到旁观者清。

记住，
庇护所的大门
就存在于自己心中。

——鲁米
（波斯哲学家、宗教家、诗人）

85. 走出困境

　　无论你是走出家门口，还是去上班开会的路上，都要好好利用任何一段宝贵而安静的时光来冥想。

1 行走的路上，想想有什么问题正困扰自己。

2 把这个问题想象成一个迷宫，而自己正朝着迷宫的中心走去。

3 培养感恩之心。每走一步，都要真诚地说"我很感激"。

4 集中注意力放慢步伐。当与注意力无关的想法出现时，直接无视即可，让其自行消散。

5 当有用的想法出现时，要表达感激。继续往前走，直到获得解决的办法，或者等心绪足够稳定时再坐下来开始工作。

86. 抬头面朝太阳

　　想象一下自己面朝阳光而坐（即使是短坐）的感觉是多么舒服。如果是工作或生活在高压、消极的环境中，建议你每天花几分钟时间到户外去（特别是晴天）。届时，请先表达对太阳的谢意，感谢它带来了光明与温暖，并同自己分享能量。

87. 涂色

孩提时候的你可能会花几个小时拿着马克笔、蜡笔或彩色铅笔尽情地涂颜色。还记得当时为了不涂出线自己有多努力吗?

现在既已成年，则可以放松下来不用太在意边界问题。这类创造性的活动对于平静心绪和集中精力都有极大的益处。所以放心去买自己最喜欢的涂色工具吧，而且当下这种消遣方式在各个年龄段的人群中都很流行，你会发现许多为成年人制作的涂色书。可以把整个下午的时间都用来涂色。像小时候那样，趴在客厅的地板上涂。只要有时间，随时可以玩。

88. 补鞋匠式瑜伽

　　补鞋匠式是一种放松效果很好的瑜伽姿势。这个姿势得名于传统印度鞋匠在工作时的姿态。补鞋匠式能够打开臀部，释放紧张情绪，是一个很好的放松方式。这一姿势不限时间地点，但是在完成一天的工作后坐在床上进行会特别有效。

1　首先，仰卧在床上。

2　弯曲双膝，让双脚靠近臀部，然后双膝向两侧打开。如果想舒适一些，可以在双膝之下放个枕头。

3　你可以用这个姿势看书（要确保光线充足），或者关上灯在黑暗中保持这个姿势几分钟，然后再入睡。

89. 慈心冥想

当你专注于对自己和他人施与慈爱时，焦虑和恐惧将不会再支配你的情绪。这种做法称为慈心冥想，冥想过程中将集中精力对自己和他人表达同情与怜悯。

① 闭上眼睛；把注意力集中到心脏部位。脑海中浮现出那温柔的心，对自己说："愿我勇敢、聪明、快乐。"在心中默念几次。

② 接下来，想想你所爱的人，其勇气和同情心让你钦佩的人。脑中想象那个人，然后说："愿你勇敢、聪明、快乐。"

③ 然后再想象一个难以相处的人，并以同样的方式祝福他："愿你勇敢、聪明、快乐。"

所谓自我的圣地，
就是能够一次又一次
发现自我的地方。

——约瑟夫·坎贝尔

（美国作家）

Draw

PEACE

from the

EARTH

90. 从大地中汲取平和

　　通过这个简单的冥想，你可以从大地中汲取平静。先平躺在瑜伽垫或叠好的毯子上。

1. 仰卧，脊背挺直，双腿伸直，双臂放在身体两侧。

2. 把忧虑、压力和紧张都释放出来，将其交付给大地的力量。

3. 吸气，想象平静的能量如波浪一般流入脊背，并辐射到身体的各个部位。

4. 呼气，心怀感激，同时想象所有的能量都被大地回收。

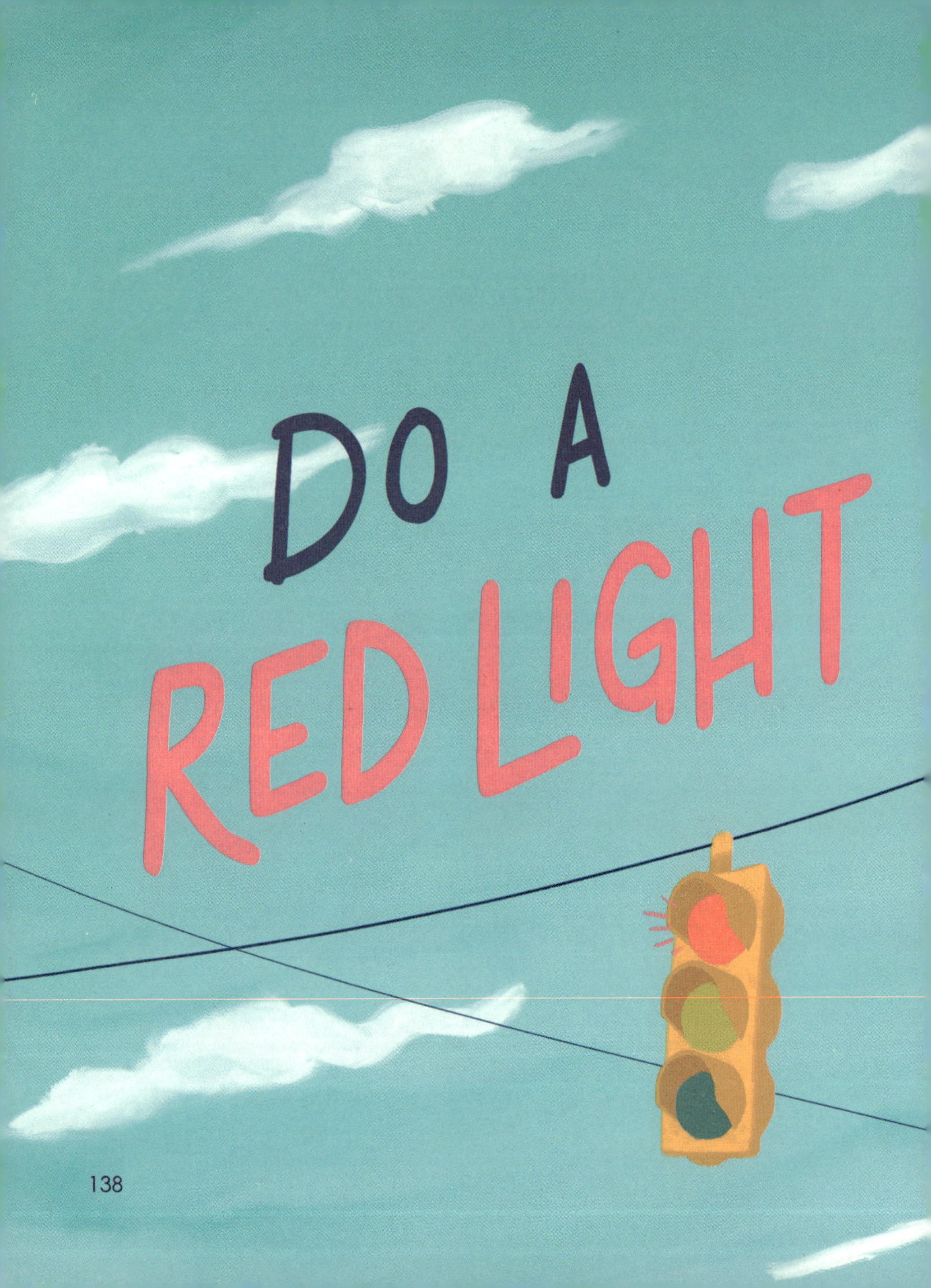
DO A
RED LIGHT

MEDITATION

91. 做红灯冥想

在车上的时候，把每个红灯都当作是在提醒自己，这一路上遇到红灯就要认真地做一次深呼吸。停车、吸气、呼气。这样一来你的体验发生了什么样的变化？当从车上走下来开始忙碌的一天时，有没有注意到你的感觉跟平时有所不同？在忙碌中抽出安静的时间专注于呼吸，有助于一整天都保持平和的能量。

92. 参加瑜伽课

不同的瑜伽课程有不同的侧重点：有些着重恢复体力，而有些是为了让你出汗。

但各类瑜伽课都能有助于你加强与身体和能量之间的联系，这种联系对保持内心平静非常重要。不要对瑜伽心生恐惧——可以慢慢开始，在肌肉的伸展和强化过程中提高技术，并学习所有姿势的正确感知方式。不要为了急于去达成"完美"的姿势，而立即纠正不良的姿态习惯。你花了一辈子的时间才走到今天，一堂瑜伽课是无法改变这一切的。在瑜伽这场旅途中，路上的每一刻都要比最终目的地更为重要——而且也更有趣！

93. 进行简单的冥想

冥想就是关注自己的思绪并将注意力集中在呼吸上。冥想可以随时随地进行，简单的冥想更是如此。

压力增大时可以试试如下简单的冥想，能够让头脑平静下来。只需要随着呼吸的节奏，说出想对自己说的话。

① 吸气，默默地对自己说："平和。"

② 呼气，默默地对自己说："放松。"

吸气……平和。呼气……放松。没有什么特定的程序，呼吸即可。这看上去似乎过于简单，但在释放压力、放慢节奏和集中注意力方面，相当有效。

94. 挺尸式瑜伽

在挺尸式瑜伽过程中打个盹儿，能够提醒自己在放松和恢复精力的同时保持专注。

1. 仰卧，双腿伸直，双脚分开与臀部同宽。

2. 双臂伸直，放在身体两侧。如果你觉得冷，可以将双臂紧贴身体。暖和之后再把手移开，离身体有一些距离。如果你愿意，还可以盖一条软毯子。

3. 当你感觉休息好了（或者音乐、计时器提示你时间到了），可以翻身并慢慢站起来，做几次深呼吸，最后睁开眼睛。

微笑，
呼吸，
慢慢走。

——释一行

（佛教禅师、作家）

Find Your Breathing Space

95. 寻找自己的呼吸空间

你的呼吸空间在哪里？你觉得哪里最舒服？一天中什么时候对你来说最平静？想想何时何地你可以用一分钟的时间远离所有的干扰，好好呼吸。

如果目前还没有选定一个空间，可以找个适合的地方开始训练大脑与平静之间的联系。可以考虑到外面走走。要对周围的呼吸空间保持好奇心。你也许会注意到一棵树，家门前的台阶，或者某条小路。呼吸空间也可以是家中的一个特定区域，在那里你可以限制各种干扰因素（比如电视噪音、手机提示音或来自家庭成员的干扰）。这样的空间可以是卧室的一处安静的角落，户外的一条小路，餐桌旁某个能够透过窗户清晰看到小鸟的位置，或者任何你能够有时间进行呼吸的地方。每天至少花几分钟时间在自己的呼吸空间上。

96. 打个盹儿

科学证明，午睡30分钟可以减轻压力，提高学习效率，促进健康。上班时间进行午睡可能比较难，但即使是闭上眼睛5分钟也能缓解压力，补充精力。这几分钟有助于减压，让你的身体得到应有的休息。注意打盹儿不要超过1个小时，否则晚上很可能难以入睡。

97. 踩踩脚

踩踩脚能够让你的能量落地，并创造出平静和稳定之感。如果感觉自己背负着很多消极的、压力重重的能量，那就踩掉它们吧！如果你在户外踩脚，就能把负面能量留在外面。

任其消散。

你甚至可以每天下班回家前在门外踩踩脚再进屋。

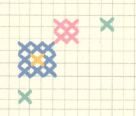

98. 制作手工编织品

　　织针噼里啪啦的节奏，手指间纱线柔软的感觉，连续缝针呈现的长久静意，以及织针穿过纺织物时轻柔的声音——以上都是针线编织、钩针编织、十字绣和其他纺织手艺的感官乐趣，这些手艺在你的生活中创造空间，并让你借此得以开悟，受到启发。重复的动作和舒缓的节奏能够让你从长时间的思考和忧虑中抽离出来休息一会儿。可以在朋友、课程或在线视频的帮助下学习这些手艺。其实学会了还有额外的好处：一旦完成了手工冥想，还可以留下一件美丽的成品供保存，或作为一个可爱的、用心的礼物赠送他人。

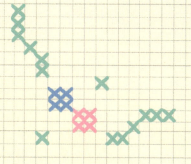

Set an Intention

99. 设定目标

一个目标就像一个围绕着你的思想的力场——提供给你一个焦点，让你的思想不会朝着多个方向旋转。

如需给自己设定目标，则要先创建一个简单的声明，说明你想成为什么样的人（不要太执着于一个特定的结果，否则潜意识可能不认）。以下有一些可以作为设定目标的例子：

今天，当我面对挑战时，我会保持好奇心。

我会在任何情况下都看到好的一面。

我会找机会做好事。

每当出现压力时，我都会有一个安全的港湾可以返航。

100. 好好呼吸

生命力或生命能量连接着一切，并维持着生命的呼吸。

　　下面的练习有助于你打开生命力通道。专注于呼吸可以摆脱使你呼吸变浅的那些焦虑和恐惧情绪。此外还有助于你释放身体上的紧张，并提供一个精神上的焦点以保持冷静。

1　坐正，背挺直。

2　张开嘴，放松下巴，伸出舌头，像狗一样喘气。

3　持续几分钟。这样的进出气可以打开腹部，清理从脊柱底部至喉咙声带的能量通道。

要做一条河。
一直存在，
一直流动。

—— 菇慕柯
（美国瑜伽大师）

100
WAYS
TO
CALM